陳明業◎著

當酒嫁給了水果

酒釀水果DIY
超美味中西料理入菜

推薦序

放眼國際　最佳中西合璧之作

台灣葡萄酒業猛將　洪耕書

　　踏入葡萄酒界至今已30年，年年走訪世界各國：舉凡法國、義大利、匈牙利、阿根廷、智利、紐西蘭、美國加州、蘇格蘭……等，每年進出口葡萄酒數量達千萬瓶，對於葡萄酒料理、文化等皆有涉獵，見過紅酒洋梨、紅酒果醬、葡萄酒料理入菜……等，卻沒有見過其他酒釀水果這類餐點。

　　三年多前，我初次認識忠厚老實的明業，這個年輕小伙子竟然自己研發出紅酒番茄，而且使用的都是來自陸海洋行的法國紅酒！但更令我驚訝的是，我從未見過有人把紅酒當成是主原料，以不加一滴水的方式去製作料理，完全顛覆了法國料理文化以酒為重、水果為輔的餐飲方式。

　　當我品嘗了由自家進口的紅酒所釀出的小番茄之後，更加肯定這位年輕人的用心及努力了，他將番茄融入紅葡萄酒，在冰釀過後創造出了清爽順口的美味，令人欽佩他的才華。

　　不但如此，這幾年來他不停地研發新商品，以各種酒款和產區、品種不同的紅葡萄酒及白葡萄酒混合出千變萬化的風味，搭配台灣水果的味道，呈現出創意獨身的技術靈敏度。

　　從最初的紅酒番茄開始延伸到白酒情人果、紅酒草莓、白酒荔枝……等，最近還聽說有紅酒櫻桃、紅酒藍莓，這些都是他的精心代表作，可說是中西合璧的最佳創作。

近年來明業使用的酒款越來越多樣化，品種和調製方式已超出一般所能想像，令人稱奇；例如匈牙利的拓凱、法國波爾多的2002年份紅酒、紐西蘭特密那白酒……等，皆是高優質水準的葡萄酒，調製的難度又更上一層樓。

回憶四十年前，台灣本來就是國際知名的水果出口國，現在的我們很難想像，當時台灣有三分之一的外匯是靠香蕉所賺進來的，外銷日本的數量達幾千萬箱。而今台蕉風光不再，我們的外匯大多依靠半導體產業維持。

台灣大多數的農地都屬「小農」，大約每一個農戶耕作面積是1.1公頃，單獨的農戶很難走出國際。如果能透過這樣的酒釀水果技術，把優質的果農集合起來，將寶島國際知名的「愛文芒果」「玉荷包」「黑葉」「糯米糍荔枝」「金鑽17號鳳梨」加上國際肯定的葡萄酒調味技術以保存鮮果風味，大幅提升價值層次，並且用冷凍技術克服台灣水果產季短的問題，就能夠大量加工製作後出口行銷到國際，讓世界各地的人一年到頭都能品嘗到台灣的水果！

而且現在這麼美味的料理，能夠有一本書來教導如何製作，實在是廣大讀者的福音，我也樂觀其成。

明業說，他常幻想著哪一天可以重現台灣四十多年前的水果外銷王國的榮景，能夠有這樣的水果夢想並加以實踐，堪稱為台灣之光！加油！

洪耕書
陸海洋行股份有限公司總經理。陸海洋行所代理的法國佛朗明哥紅酒，連年銷售突破160萬瓶，蟬連台灣進口葡萄酒銷售量第一品牌。旗下代理的酒款亦榮獲國際各項酒類大獎，並膺選為國際航空公司機上精選酒款，深受各界好評。

推薦序

葡萄酒釀水果　部落格釀眞情

部落格教母　程如晞

　　清晨，在彌漫整屋子的水果香氣中醒來。那是番茄人陳明業請屏東果農寄來給我的一箱特選鳳梨，對我散發出的甜蜜提醒：還不趕快起來，爲陳明業的新書把推薦序生出來！

　　想到陳明業，先浮上心頭的，必定是那張眼神充滿笑意與熱情的臉。我眞正與陳明業碰到面，是在我爲「夢想果」的紅酒番茄寫推薦網誌的兩年後。一個炎熱的夏日午後，當我心血來潮將發表在udn網路城邦部落格的那篇文章〈口水滴滴落，夢想果紅酒番茄試吃〉轉貼到我在中時電子報新成立的部落格之後，谷歌大神幫我去呼叫他，我們這才對上了話、見了面，也開啓了往後許多互助合作的機會。

　　明業總是將「夢想果」之所以在網路走紅、熱銷的成就，歸功給我。其實我心裡也非常感謝「夢想果」，這包150元的紅酒番茄，是當年我經營部落格將近三年，所收到的第一個完全陌生的試吃邀請。爲了體驗廠商安排試吃品宅配的方式及服務細節，也想印證剛剛榮獲全球華文部落格大獎「最佳人氣獎」總冠軍的實力，我毫不猶豫地答應試吃，並且甘願花一整天的時間爲這幾顆紅酒番茄拍照和寫推薦文。

　　那天家裡冰箱裡剛好有番茄，我從櫃子裡搬出葡萄酒和高腳酒杯作道具，拍了許多照片猶覺不夠，最後在寫好網誌後，還特地爲其中幾張照片加工，

外掛會滴滴落的水珠以及會發出啵啵聲的白色泡泡Flash，才算大功告成。那一顆顆帶著冰晶的紅酒番茄，果然讓人看得垂涎欲滴。我在網誌最後，還加了自己靠搜尋研究後整理出來的紅酒番茄的傳說故事，並附上紅酒番茄DIY教學食譜。

這篇用心完成的網誌，在當時引來非常多的點閱和迴響，我也將它當成我的部落格教學示範。我並沒有奢望能因寫一篇試吃推薦而得到什麼回報，不過伴隨著邀約廠商的感謝信而來的，竟是訂購單，以及後續奇奇怪怪的邀約（如清洗水塔體驗）。兩年後，接到明業的信才知道，原來當時行銷合夥人的作風，也讓他很傷腦筋，最後不得不和他拆夥。明業對於當初合夥人能夠找到我，其實一直心存感激，只是找不到合宜的機會表達謝忱。

所以當明業看到我在部落格提到，想念那段被紅酒番茄沁涼的酒香征服了味蕾的時光，立刻提筆寫信給我。他告訴我，紅酒番茄大受歡迎之後，他更潛心研究酒漬技術和果釀工藝，兩年之中陸續研發了紅酒草莓、白酒鳳梨、白酒芒果、白酒情人果、白酒荔枝等多種口味的產品，希望能請我品嘗。他並特別聲明，這一次是純粹請我吃，絕不是要我幫忙寫推薦文。

明業的來信，字裡行間散發著誠意與熱情，讓人難以抗拒，一如後來我見到他的本人一般。相信有幸讀著這本書的人，一定也可以強烈感受到。這封信牽引我們勢將一見如故，也因為我們有著勇敢追夢的相同性格，在結識後的這兩年間，合作了許多美事。

首先是在我2011年生日時，明業贊助我十份酒釀鮮果作為我送格友的生日獻禮。隨後又在我出版新書《敢要就要：敬！部落格，敬！人生》時，

不但大手筆買了一百本書,也贊助紅酒番茄作為我環島新書發表會的抽獎獎品。同年女兒出閣,他又主動表示,願意贊助女兒婚宴每一桌紅酒番茄作為前菜,還有婚宴喝的葡萄酒他也全包了。女兒的婚禮,因不想朋友們破費,我只邀了非常少數的至親好友(一共四桌),而明業和哥哥也是座上賓。只是我千交代、萬囑咐,不要包紅包,女兒核對禮金後告訴我,明業還是包了厚禮。七年級生,禮數如此面面俱到,真讓我服了他。

2009年的一篇推薦文,醞釀出這麼豐厚的回饋,是我始料不及!除了對我個人,明業對於透過我介紹而認識的網路創業家,也極盡所能地幫忙,以縮短他們在網路行銷摸索的歷程。而我在漢聲電台和徐嬿聯合製播的《部落格好心情》節目,每當需要特別來賓而向他求救時,他都會在仔細推敲後,推薦我最適合的人選。還有還有,當我在學期中不得不出國時,明業就成了我網路行銷相關課程的最佳代課講師。他豐富的實戰經驗,比我上起課來還精采,深受大學生的歡迎。讓我不禁擔心,會不會有一天搶了我的飯碗?

一路數來,發現我欠明業的人情債還真不少。而

我，除了曾透過部落格和廣播幫他行銷之外，好像沒有什麼貢獻了！如果硬要沾光的話，就是他未來的另一半，是因為我而識得；而天主教洪山川總主也因為我，成了他的葡萄酒粉絲，如此而已。

認識陳明業，好康數不完，這一路以來他熱情投入酒釀水果的研發，推出國內少有人能望其項背的食品，讓品嘗過的人，都能享有微醺的幸福感。如今這一本書的出版，集結葡萄酒與水果的專業知識、酒釀水果DIY以及超美味的中西料理食譜，相信看完這本書的讀者，也能和我一樣，收穫滿載。

程如晞

任教於大學，並在漢聲電台製播《部落格好心情》廣播節目，享有「部落格教母」的封號。曾任香港嘉禾集團「視聽讀賣」（成龍的店）總經理，工作經歷跨足產官學界及媒體。曾榮獲全球華文部落格大獎「最佳人氣獎」總冠軍、資策會美食部落客百傑、文學創藝部落客百傑以及BSP特別獎。

自序

當台灣番茄遇上法國葡萄酒

番茄人　陳明業

再好再優質的水果，如果沒有即時賣出去，那就只能賤價求售。所以，農人把水果烘烤製成果乾，或者製成蜜餞、果汁、酵素、果醬……但沒有一項能夠保持水果原本的模樣。

酒釀水果就是因此而誕生的。

在屏東新埤鄉，只要閉上眼睛，深深吸口氣，就可聞到土芒果樹開花的鮮香味。

在大武山下，紅土地的鳳梨田一望無際，它能孕育出甜度22的金鑽17號，老一輩們都知道，那是寶島數十載前紅極一時的台鳳農地。

高雄大樹鄉，張開眼睛，一眼望過去，木紅色的鳳梨花在坡地上向我們宣告著即將盛開，那香氣十足全台居冠。而山的另一頭就是玉荷包的集散地，產季時絕美的嫣紅色滿是山頭，美不勝收。

走在雲林口湖鄉，貧脊的鹽地上依舊長出紅潤飽滿，甜度達13度以上的玫瑰番茄，如葡萄藤般，結

實纍纍地爭豔。

　　土地如何豐收，要看老天爺；水果甜不甜，就看土地和日照；香氣是否濃郁，全憑我們台灣農夫的本事。

　　南台灣的陽光很暖，土壤的肥沃讓水果滋肥飽滿，農夫們辛勤整枝後，葉片都散放著濃郁的鮮香。

　　這是因著台灣的土地肥沃，地理環境優越，讓我們寶島的水果，呈現國際級無與倫比的滋味！

　　但一般人可能不知道，每個產地也許在二十天或三十天後，將結實纍纍的果實一採收完畢，土地又會回歸到只剩泥土的味道。

　　因為產季就是如此地短暫。

　　酒釀水果正是要讓這一切美好超越時限。

　　它讓吃不完的水果得以保存，新鮮的滋味得以延續；或者說家中有喝不完的葡萄酒、不喜歡喝的葡萄酒，都可以拿來嘗試製作，享受簡單的製作酒釀水果的樂趣。亦可以嘗試小火烹煮葡萄酒的時間，讓酒精有不同的變化，甚至選用不一樣的葡萄酒得到不同的味道，或者購買當令產季的水果加以嘗試，都是嶄新的DIY體驗。

　　酒釀水果能讓不敢吃某些水果的人，因為葡萄酒的提味而樂於接受，水果的營養成分和益處，也不會因為烹煮的關係而流失或口感變調。如此美味的水果和葡萄酒聯姻，只要親自品嘗過後，相信便能夠知道為什麼酒釀水果會如此受到媒體矚目。

酒釀水果話說從頭

　　四季水果的栽種本就是一項極為專業的知識，再加上葡萄酒的產地、品種、氣候、釀酒技術、保存、混合比例……等，酒釀水果實非一朝一夕可輕易得來的。

　　而葡萄酒的神奇之處，就在於能把台灣水果原有的味道襯托出來！

　　用法國葡萄酒提味，並保存水果的酸甘甜——這樣的創意源自於小時候就擁有的好奇心使然，常把兩個不相干的東西加在一起享受這樣的樂趣。

　　就是這樣的搞怪精神，讓我至今研製出來共23種以上的酒釀水果，台灣能種得出的水果，大概都讓我嘗試過了。

　　話說我和水果的淵緣，倒是一般人很難以想像的。我家三代離不開水果，但卻沒有一個人親自當過農夫。從祖父輩在屏東就經營早期銷日的香蕉、柑橘；父親曾任職於台灣最大果汁包裝盒製造工廠，在那擔任廠長，全盛時期幾乎供應台灣所有果汁廠所需的紙盒。於是從小耳濡目染下，多少了解到水果、果汁、天然食材、食品安全衛生……等相關知識。

　　不過這樣的背景卻沒有讓我想要走上水果產業這條路，老實說當時的我對這實在沒有什麼興趣，連金鑽17號是鳳梨品種名都搞不清楚，更不知道番茄有分聖女、玉女、嬌玉、聖運……數十種品種。

　　直到2006年宜蘭大學經濟系畢業，入伍前夕在宜蘭深山一處農場打工，主廚私下傳授我水果獨門醃漬技術——正確來說是他刻意傳授我獨門的水果加工工夫。原本不以為然的我，經過師傅的指導，才領悟到原來台灣的水果不一定得要加入化學調味品才能保存或變得好吃。用天然的醃漬方式雖然費時

費工，但所製作出的成品能夠保留鮮果的原味，唯一的條件就是要冷凍才能延長保存期限。

當時令我**驚訝**的是，簡單一個蜜漬金棗，不過用了天然海鹽、糖、甘草、陳皮⋯⋯等簡單的醃漬材料，竟能變得如此甘甜鮮美，成為老饕讚不絕口的最愛。

而師傅期待我可以將他的手藝發揚光大，臉上添光。

於是，退伍後我立刻投入金棗生意的經營，但當時的我對於該怎麼銷售、怎麼維持品質、一整年的保存和製作量等，根本沒有概念，結果不到半年就鳴金收兵，只得轉往學習網路行銷和食品衛生法等其他方向。

到了2008年，因緣際會與朋友合力經營冷凍食品公司，發現有些五星級飯店會製作紅酒洋梨、紅酒蘋果、醋漬番茄等，當作前菜給客人享用，滋味可口，令人垂涎。但像這樣的高級料理平時並不常見，原因是成本過高、保存不易、製作手續繁瑣，以致難以量產；當時我反向思考，也許這樣的美食才顯得珍貴而有市場性，於是花了個把月來研究紅酒番茄的可能性，例如要加入多少的紅葡萄酒才對味？用什麼樣的方式烹煮、調味？經過無數次的實驗和試吃，終於研發出味道匹配的組合！

但這樣的興奮感沒有維持很久，原因是我們推薦給客戶享用時，並沒有造成多大的迴響。不過我並不死心，決心要把這個酒釀水果推廣出去，於是嘗試邀請部落客試吃，並將研發的酒釀水果取名為「夢想果」，原因很簡單，我想完成自己的水果大夢，把夢想中的水果美味呈現出來。行銷沒有多久，就大受好評，記得第一位回應我們的就是全球華文部落格大獎得獎主──部

落格教母程如晞老師，她簡單的幾句話，就定義了紅酒番茄的價值和市場可能性。程老師說：「這樣一個微醺的午後，有一種幸福在我的心裡流竄，我的味蕾被酒釀番茄收買了，人被綁架『釘』在部落格前……」

經過這樣的邀請推薦試吃，我才體會到市場的族群很重要，再好吃的產品也要提供給對的人、有需要的人，才能達到效果！

記得當時就只是製作一個部落格，並且邀請眾多的部落客吃，就達到非常好的口碑，接連讓三家新聞記者來採訪！

時至今日的研發信心，都是建立在當初客戶的瘋狂好評、不斷地回購以及寫信支持。感動的力量鼓勵著我把更多的水果拿來嘗試研發，當時我想著，如果台灣的水果可以和法國傳統葡萄酒結合的話，不僅可以幫助台灣的農民，或許也能透過將台灣水果以料理加工，輔以法國葡萄酒文化的加持，把台灣的水果行銷到國際間！

葡萄酒是酒釀水果最重要的材料，酒與其他調味料的比例必須要有明顯的差異，才能吃得出紅酒的香醇滋味。

而為了製作出更好的品質以及維持台灣水果的原味，我在2009年特別向知名調酒師學藝，習得葡萄酒知識，從上千種的葡萄酒中，挑選出適合台灣水果的調性以及調配比例。

經過無數回的試驗得到不同的氣味結果後，我腦中幻想出了各種不同的微妙組合，可說是法國與台灣農業的最佳聯姻。重點在於使用我們台灣寶島的水果，以法國葡萄酒提味，襯托出其價值與美味！

當時我歷經一年的時間，依據二十四節氣採購各類不同的水果，舉凡番

茄、土芒果、鳳梨、青木瓜、草莓、李子、桃子、荔枝、芒果、脆梅、火龍果、百香果，甚至是芭樂、蓮霧、釋迦、榴槤都有涉獵，加上各種水果不同品種，可說尋覓了百樣葡萄酒及鮮果也不爲過。

而且，每項製作都需要幾個月至一年、甚至二年的時間，並使用低溫控制來測試味道、品質上會產生什麼樣的變化。

這樣的果釀技藝，可說是史上第一樁，就連法國傳統廚藝技術也無跡可尋，畢竟台灣水果種類爲世界之冠，舉世無雙。

堅持最好的品質，夢想打入國際市場

酒釀水果讓農夫的心血得以延續，保留農人想要帶給人們最原始的味道；甚至經過低溫冷釀加工處理的酒釀水果，得以避開許多國家對農產品禁運的條例，使得台灣水果可以經過這樣的形式，站上國際舞台！

研發的過程中，每每都得要用大批量的方式製作才能得到最精確的結果。這樣的概念不同於一般化工品加工，只要等比例提升就可以得到相同的結果。農產品，需要靠味覺、嗅覺把關，如同釀酒師一樣，釀製的溫度、時間都會影響結果，酒釀水果當然也不例外！

從以前到現在，丟掉報廢的酒和水果加一加也有數噸之多，原因在於水果的「品種」「產地」「香氣」需要和不一樣的「葡萄酒」搭配，才能做最完美的結合。最奇妙的地方是，有些水果反而是愈陳愈香！原本覺得不可能做出好味道的水果，因爲忘在冰庫最底層想要倒掉時，才意外發現口感是如此

地香醇可口！這就是葡萄酒的微妙之處！

　　抱持著這樣的心情，我在2010年決心開業，利用最正統的法國葡萄酒加入台灣新鮮的水果，經過包裝整合重新在網路上販售，並且採用大量曝光的方式，在各網路通路同時上架以提升知名度，成為酒釀水果第一品牌。

　　愛吃水果的人都知道，因為賣水果是靠天吃飯，產季和非產季的價格可以差上四至十倍都是有可能的！例如番茄產季時，我們得要在二個月內把番茄收購好製作起來，並且低溫冷凍存放，常常一天要開數百瓶葡萄酒，累積至今丟掉的酒瓶，也有數十萬瓶。

　　我時常會為了得到客戶的反應和直接口感，自行充當送貨人員，有些會品酒的客人就會說，我們製作的酒是真的吃得出來的，甚至希望我們不要把酒精煮掉，保留葡萄酒原本的味道。但因為也得讓大多數不喝酒的愛好者也能接受，所以還是保持著原本的製程。

　　當然，數年來也有許多客人曾詢問怎麼製作出好吃的紅酒番茄，我也不吝嗇地公開，甚至在經銷據點教導酒釀水果DIY課程。有一次，到一個科技公司送貨，公司老闆說如果出國吃不到怎麼辦？我便很熱心地教她怎麼製作，但相隔數月後，還是接到這位老闆的訂單，因為她說製作這個酒釀水果太繁瑣，做了一次就不想再做了，還是直接下訂比較快。

　　最令人驚訝的一次，是在四個月期間內，我親自分三次、共送了八十包酒釀水果產品給同一位客戶，一問之下才知道，都是同一個人在享用。

　　能夠做出這樣令人驚豔、喜愛的酒釀水果，是支持我的最大動力！也因此讓我更堅定走入史無前例的酒釀水果世界。

　　加上父親給予的食品知識堅持，不用果糖、不用添加劑、不用濃縮果汁，讓我避開了塑化劑風波，夢想果的口碑一點一滴地在累積。

　　綠冠有機鳳梨的科技農夫薛先生告訴我，酒釀水果的好處在於讓他們的心血得以延續生命，因為水果的水分流失率不到10%，可以保留農人想要帶給人們最原始的味道；甚至經過低溫冷釀加工處理的酒釀水果，避開了許多國家對農產品禁運的條例，使得台灣水果可以經過這樣的形式站上國際舞台。

　　時至今日，篳路藍縷，每一個動作和新作品都是創舉，整個水果供應鏈使我們得以克服季節因素大量採購，才能供應一整年甚至是國外的需求量；此外更是如履薄冰，維持著天然的製作和衛生條件，才讓新加坡國際貿易商相中，進行外銷東南亞及歐美的計畫。

　　終於，和農夫們的努力沒有白費，夢想果的使命就是把所有台灣優質果農的夢想，一起帶入國際舞台！

簡易DIY，酒釀樂無窮！
　　美味的享受不在高價，酒釀的微醺滋味自己動手做就可獲得！

　　四年多來，詢問我紅酒番茄製作方法的支持者多不勝數，驚豔的表情之後往往第一句話就是詢問我怎麼製作，一直以來我都不吝嗇地分享，亦有許多客戶希望我能夠出版食譜，甚至是開課教學，但由於一直忙錄著製作訂單、媒體採訪、產地尋覓，直到圓神旗下的如何出版社找到我，陸陸續續寫作加上拍照，前後近兩年時間，才終於宣告正式出版，實屬不易。

在此，也把幾個常見問題先做整理。

眾多的讀者一定會有一個疑問：酒釀水果的葡萄酒怎麼挑選？會不會很難？價格會不會很高？

其實這些問題都不用擔心！

以我經營數年，製作的水果和使用的葡萄酒數達百種以上的測試經驗，若是平常自製酒釀水果來品嘗的話，只要挑選一般市面上大賣場買得到、300～500元左右的酒即可，不需使用到太過昂貴的紅葡萄酒或白葡萄酒。

那也有人詢問，是否要考慮到餐酒或是料理用酒等的區別呢？這一點也不必擔心，只要市面上可以買得到的紅酒皆可以使用。就算購買到的是口感比較酸澀的紅酒，在經過烹煮以後，只要按照書中的方式去調製，也能得到幾乎相同的結果。

如若想要使用比較高品質、甚至上千元的葡萄酒，嘗試其他種不同的變化也可以，但還是建議這麼優質的葡萄酒，不如直接拿來品嘗飲用吧！

不過，不同的葡萄酒、葡萄品種所呈現的香氣口感，都會有所不同，製作後也會產生細微的變化，若有心嘗試，這也是DIY製作的樂趣所在！

1

葡萄酒的品味有學問
——淺談葡萄酒

FRAMINGHAM

GEWÜRZTRAMINER

F

MARLBOROUGH

RÉSERVE
MONDIÉ
OAK AGED
2009

PRODUIT DE FRANCE

J.P. CHENET

CABERNET-SYRAH

VIN DE PAYS D'OC

TRADE
P. CHENET
MARK

FRUITÉ ET ÉQUILIBRÉ
FRUITY AND BALANCED

PRODUCE OF FRANCE

Baron d'Arignac

punto

punto final
malbec
2006

CHARDONNAY
ÉLEVÉ EN BARRIQUES

X.O

PRODUIT DE FRANCE

J.P. CHENET

FRENCH BRANDY

X.O

LA CROISADE

RÉSERVE CABERNET - SYRAH

SATÖBBI

3 PUTTONYOS ASZÚ

Tokaj

葡萄酒是一種低度酒（low wines），一般酒精度為12～16度，維生素含量很豐富，並含有錳、鋅、鉬、硒等微量元素。根據科學家們的研究，分析葡萄酒中含有白藜蘆醇，具有降低膽固醇和三酸甘油酯的作用；美國的心臟病專家更證明，每天喝兩百毫升紅葡萄酒能降低血漿黏度，使血栓不易形成，可預防動脈硬化。

葡萄酒的五種類型

葡萄酒種類繁多。一般分為不起泡葡萄酒及氣泡葡萄酒兩大類。不起泡葡萄酒又分白酒、紅酒及玫瑰紅酒三種；氣泡葡萄酒則以香檳為代表。另外，添加白蘭地的雪莉酒，以及加入草根、樹皮，採傳統藥酒釀造法製成的苦艾酒，都是葡萄酒的同類品。但一般而言，我們可以將葡萄酒分為下列五種類型：

1. 靜態酒：紅酒、白酒、玫瑰紅酒
2. 氣泡酒：香檳
3. 加烈酒：波特、雪莉、天然甜酒
4. 加味酒：苦艾酒
5. 彼諾甜酒

下面為大家介紹靜態葡萄酒、氣泡葡萄酒及加烈葡萄酒三類。

靜態葡萄酒：由於靜態葡萄酒排除了發酵後產生的二氧化碳，故又稱無氣泡酒。這類酒是葡萄酒的主流產品，酒精含量約8～13％。依釀葡萄品種與釀製方式不同，又可分為白酒、紅酒和玫瑰紅酒。白酒只將葡萄的汁液發酵，且培

養期通常在一年內，口味清爽，單寧含量低，帶水果香味及果酸味。紅酒是將葡萄的果皮、果肉、種子等與果汁一起發酵，且培養一年以上，口味較白酒濃郁，單寧含量高並帶有澀味。又因發酵程度較高，通常不甜但酒性比白酒穩定，保存期可達數十年。至於玫瑰紅酒，所謂「玫瑰紅」是形容它的色澤，是在白酒中加入紅酒而得，可以縮短紅酒浸皮的時間來釀製，口味介於白酒與紅酒之間。

氣泡葡萄酒：因裝瓶後經兩次發酵會產生二氧化碳而得名，酒精含量約9～14％。這類酒以法國香檳區所產的「香檳」最負盛名。

加烈葡萄酒：在發酵過程中或發酵後加入其他高濃度酒，導致酒精含量較前兩類高，約15～22％。培養期長且混合不同年分及產區的酒，酒性較穩定，保存期也比較久。西班牙的雪莉酒即為此類中的佼佼者。

葡萄酒其他分類方式

葡萄酒是以新鮮葡萄或葡萄汁為原料，經酵母發酵釀製而成、酒精度不低於7％（V/V）的各類酒的總稱。按酒的色澤，可分為紅葡萄酒、白葡

萄酒、粉紅葡萄酒三大類，但在市面上很難看到粉紅葡萄酒。根據葡萄酒的含糖量，分為乾紅葡萄酒、半乾紅葡萄酒、半甜紅葡萄酒和甜紅葡萄酒。按酒的二氧化碳的壓力來分，葡萄酒包括無氣葡萄酒、起泡葡萄酒、強化酒精葡萄酒、葡萄汽酒和加料葡萄酒。法國葡萄酒酒質分為：普通日用餐酒（Vins de Table）、鄉村酒或地區餐酒（Vins de Pays）、原產地法定區域管制餐酒（AOC：Appellation d'ongin Controlee）。德國葡萄酒劃分為：日常飲用餐酒（Landwein & Tafelwein）、優質酒（Qualitatswein bestimmter Anbaugebiete）簡稱QbA、高級優質酒（Qualitatswein mpt Pradikat）簡稱QmP。美國葡萄酒分為：附屬類、專屬品牌酒（Proprietary Wine）、葡萄品名餐酒（Varietal Wine）。勃根地酒分級為：區域酒，只標示產區如Bourgogne；村莊級酒，在酒標上會標示村莊名，如Chablis Macon Village、Cham bolle-Musigny；一級酒，酒標上會標示村莊及葡萄園名或者ler Gru、Premier Cru；特級酒，此類酒不會標示村莊名字，有時也沒標示Grand Cru，通常只會標示葡萄園的名字，如：Montrachet、Musigny、La Tache。義大利酒的等級劃分為：一般日常酒（Vind da Tavola）、原產地區域管製酒（DOC：Denominazione de Origine Controllate）、原產地區域保證酒（DOCG：Denominazione de Origine Controllate Garantita）。

葡萄酒富含多種成分

葡萄酒不僅是水和酒精的溶液，尚有各種豐富的成分：

1.含80%的水。這是指完全單純的水，是由葡萄樹直接從土壤中汲取的。

2.含有9.5～15％的乙醇，即酒精。經由糖分發酵後所得，略甜，而且帶給葡萄酒芳醇的滋味。

3.含酸。有些來自於葡萄，如酒石酸、蘋果酸和檸檬酸；有些是酒精發酵和乳酸發酵生成的，如乳酸和醋酸。這些主要的酸，在酒的酸性風味和均衡味道上起著重要的作用。

4.酚類化合物。每公升1到5克，主要是自然紅色素以及單寧，這些物質決定紅酒的顏色和結構。

5.每公升0.2到5克的糖分。不同類型的酒含糖分多少有些不同。

6.芳香物質（每公升數百毫克），它們是揮發性的，種類很多。

7.氨基酸、蛋白質和維生素（C、B1、B2、B12、PP）。它們影響著葡萄酒的營養價值。

葡萄酒是由葡萄汁（漿）經發酵釀製的飲料酒，它除了含有葡萄果實的營養外，還有發酵過程中產生的有益成分。研究證明，葡萄酒中含有200多種對人體有益的營養成分，其中包括糖、有機酸、氨基酸、維生素、多酚、無機鹽等，這些成分都是人體所必需的，對於維持人體的正常生長、代謝是必不可少的。特別是葡萄酒中所含的酚類物質——白

藜蘆醇，是近幾年來研究的特點，它具有抗氧化、防衰老、預防心血管疾病、防癌的作用。每天適量飲用葡萄酒者，可降低罹患心臟病的風險，還有預防老年癡呆和早衰性癡呆症的效果。所以，每天喝1～2杯葡萄酒絕對有益身心。

葡萄酒的釀造程序

篩選：採收後的葡萄有時帶有葡萄葉或尚未成熟，因此嚴謹的酒廠會在釀製前加以篩選，必要時也依葡萄成熟度進行分類。

破皮：使葡萄汁與葡萄皮接觸，溶解出葡萄皮內的單寧、紅色素及香味物質。此時須注意避免釋出葡萄梗和籽中的油脂，以免影響酒的品質。

榨汁：榨汁過程須注意壓力平均且不能太大，以避免葡萄梗和籽的苦味，破壞了葡萄酒的口感。傳統以氣囊式壓榨機榨汁的效果最佳。

澄清：採沉澱法或離心法去除泥沙異物及葡萄屑，此過程須在低溫下進行。

發酵：利用橡木桶或具溫控的不銹鋼酒槽進行酒精發酵，其溫度控制相當重要，須維持在10～32度，才能使葡萄中的糖分及酵母轉化為酒精、二氧化碳及熱量。當酒精超過15％以上或加入二氧化硫會停止發酵，用這兩種方法可控製酒的酒精濃度及甜度。

陳年：為了提高酒的穩定度，使酒成熟、口味和諧，高品質的紅酒都用橡木桶進行陳年以增添酒的香味，同時提供適量的氧氣使酒味更圓潤和諧，並以換桶方式去除沉澱物質。

裝瓶：葡萄酒在橡木桶待到足夠的時間後，再將這些酒裝入玻璃瓶內，貼上酒標，就可以在市場上銷售。

葡萄酒的分級制度

法國葡萄酒的分級制度，可以說是目前全世界最完善的，相關法律規範及管制也相當地周全。

法國葡萄酒從最高等依序分為下列三個等級：

1.AOC（法定產區葡萄酒，產地範圍越小越詳細等級越高）

2.VINdePAYS（地區葡萄酒）

3.VINdeTABLE（日常餐酒）

有許多國家也設立了葡萄酒的分級制度及相關的法律規定，如德國。

德國的葡萄酒按照質量分為下列四大類：

1.QmP（Qualitatswein mit Pradikat）優質高級葡萄酒

2.QbA（Qualitatswein bestimmter Anbaugebiete）特區高級葡萄酒

3.Landwein地區酒

4.Tafelwein餐飲酒

2

水果在季節裡各自美味
——春、夏、秋、冬的水果

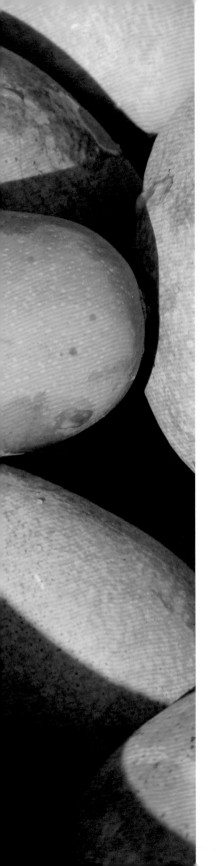

春天裡的當季水果

香瓜：11～6月，輕壓香瓜底部，越硬代表越不成熟，甜度不高，但比較脆，底部越軟的，越成熟，甜度也較高，可依照自己喜愛的口感做選擇。還可以試著聞聞香瓜底部的香氣是否濃郁，香味越濃郁的，代表香瓜越成熟、甜度也越高。

枇杷：1～4月，枇杷的底部除了要肥厚外，底部顏色應和表皮一樣是黃色，較不新鮮的底部會呈現黑色，選擇時可以觀察枇杷底部的顏色，要選沒變黑的較佳。

桑椹：3～5月，尤其以清明節前後盛產，挑選桑椹時以個兒大、肉厚、紫紅色、糖性足者為佳。

梅：3月下旬～4月下旬，選擇自然成長的梅，沒有農藥、沒有化肥催大，最健康。

桃：5月，選擇果實堅實並稍微柔軟的，別選擇綠色、太硬的不熟果實，或是太軟過熟的桃子。

楊梅：5～6月間，採收期約只有數十天，形長，外形大約長是寬的1.5倍。太長者大多澀、太短者大多酸。色白較不澀，顏色稍泛黃乃是成熟的果實。

李：6月中下旬，挑選李子時要選擇軟硬適中的，盡量避免挑到外表起皺紋或枯萎的。

夏天裡的當季水果

葡萄：春果3～6月，夏果6～8月、秋果9～10月、冬果12～2月，以冬夏兩季產量最多，挑選顏色濃、果粒豐潤、緊連著梗子的。並避免凋萎、軟塌、梗子變褐或容易掉粒的。

芒果：愛文芒果3～8月（屏東產季最早），土芒果初春4～7月盛產，要選購外皮橘黃到接近紅色，並有點軟的果實，避免選擇未熟過硬或過熟、過軟的芒果。

櫻桃：每年11月～隔年3月，都是以智利進口為大宗，5月開始則是以美國加州進口為主。櫻桃要選大顆、顏色深有光澤、飽滿、外表乾燥、櫻桃梗保持青綠的，避免買到碰傷、裂開和枯萎的櫻桃。一般的加州櫻桃品種顏色較鮮紅，吃起來的口感比較酸，比較好吃的則是暗棗紅色的櫻桃。櫻桃洗乾淨後，可放置在餐巾紙上吸收殘餘水分，乾燥後裝入保鮮盒或塑膠袋放入冰箱。

荔枝：4～8月，以黑葉、玉荷包、糯米糍、桂味為主要量產品種，枝軟、皮薄、顏色鮮豔是挑選荔枝重要依據。

水蜜桃：5～9月，首先是重量，越重代表水分越多，同時也意味著汁多甜美。其次是桃子表面的花點，花點越多，代表桃子的甜度越高。至於一般人認

為顏色越紅就會越甜，其實是錯誤的認知。桃子因種類不同，不能以顏色區分，如白鳳桃的品種，斑點越多卻是甜度越高，不管是中生桃或晚生桃，購買時挑選桃子底部有酒窩形狀，絕對錯不了。

火龍果：5～10月，火龍果越重，代表汁多、果肉豐滿，所以購買火龍果時，用手秤秤每個火龍果的重量，選擇越重的越好。表面紅色的地方越紅越好，綠色的部分也要越綠的越新鮮，若是綠色部分變得枯黃，就表示已經不新鮮了。

龍眼：6～11月，宜挑選果粒中等、果肉豐富，果皮不變黑、枝少、枝頭較軟、果核小。

百香果：6～12月，輕輕搖晃百香果，果內有「水聲」或「晃動」的感覺，則這顆百香果酸度「較高」。

酪梨：6～2月，若買來後要立刻吃，則選擇摸起來微嫩的。若沒有要馬上吃掉，可以選購稍微堅實的果實，放置室溫下幾天，等其成熟後再吃。無論如何，避免選擇表皮破損或有明顯黑點的。

秋天裡的當季水果

釋迦：夏果7～11月、冬果12～2月，在挑釋迦的時候要看釋迦的一粒一粒的頭，是否很明顯，而且每個頭和頭之間的溝，是否夠深，要頭很明顯，且溝很深的才好吃喔！

梨：7～12月，選購時要注意果實堅實但不可太硬。並避免買到皮皺皺的、或皮上有斑點的果實。

柚子：8～12月，頭要尖底要寬，D罩杯的文旦才是上品。 樹齡越高的文旦樹所結的果實較小（一般約400～500克左右），果肉也較柔軟甜度較高。越小越重的才會鮮嫩多汁，麻豆文旦的果肉細緻，邊緣略呈粉紅色。柚子不同於其他水果，並非越新鮮越好吃，剛由樹上摘下的柚子須放置二～三週，讓柚子皮「消水」後才有絕佳的風味，中秋節前的柚子一般是剛採收不久的，買回家後最好先放個幾天再吃。

柿子：8～12月，挑柿子先看萼片，青綠有水分表示新鮮採收，若枯黃萎縮，有可能已擺放二～三天。色澤度呈金黃色的成熟度高，甜度也高。

蘋果：9～11月，一般選擇看起來堅實、顏色鮮明且表皮沒有脫水現象的即可。要避免選擇有碰傷、軟掉或肉有斑點的。

甜橙類：9～2月，選擇時要注意堅實、斤兩重（表示多汁）、觸感平滑、表皮看起來亮亮的柑橘，而避免選擇太輕（沒有汁）、過硬、粗糙和像海綿般外皮的果實。

奇異果：10～12月，如果果實圓胖，並柔軟有彈性的就表示熟了。奇異果放在室溫下會有後熟作用，所以要避免採購太軟的。

椪柑：10～2月，要選擇顏色深黃或橘色、並有亮麗光澤的（表示新鮮、成熟）。避免蒼黃（太老）、綠色（太澀）或皮上有孔的果實。

冬天裡的當季水果

葡萄柚：10～12月，應選購果實堅實、緊緻結實的。通常輕微的變色或表皮刮傷，並不會影響到風味，但要避免看起來暗沈或顏色太淺的。

金柑類：11～3月，選擇時要注意堅實、多汁、觸感滑潤、表皮看起來油亮亮的柑橘。

四季橘：12～2月，選擇的要點與前項一致，沉重多汁的較佳。

茂谷柑：2～4月，要選擇顏色深黃或橘色、並有亮麗光澤的（表示新鮮、成熟）。避免蒼黃（太老）、綠色（太澀）或皮上有孔的果實。

草莓：12～4月，蒂青，果實鮮紅，粒子有亮度

及彈性為佳。

　桶柑：1～4月，要選堅實、斤兩重（表示多汁）、觸感平滑、表皮亮亮的，而避免選擇太輕（沒有汁）、過硬、粗糙和像海綿般外皮的。

全年皆盛產的水果

　楊桃、番石榴、蓮霧、鳳梨、木瓜、香蕉、檸檬、椰子、甜瓜、西瓜、紅甘蔗，這些水果全年都可採收，所以只要挑選新鮮、香氣足的即可。

3

當酒嫁給了水果①
——春之祭

紅酒番茄

用具及材料

不鏽鋼鍋一只
冷開水
玻璃瓶（500毫升）一～兩瓶
冰糖50克
檸檬50毫升
梅子粉5克

水果

小番茄一斤（600克）

精選葡萄酒

紅酒（一般餐酒）一瓶750毫升

製作方法

1. 鍋子裝七分水，以大火將水煮至沸騰，將玻璃瓶及蓋子煮過拿出放涼。（圖a）

2. 先將市場買回來的小番茄，用清水洗乾淨同時將果蒂摘除，將水倒掉，用乾淨布擦乾水分。（圖b）

3. 準備一鍋冷開水（可加冰塊更佳）。

4. 準備一鍋七分滿的水，煮至沸騰。

5. 將番茄放入滾水中，待大部分的番茄皮裂開後撈起放入冷開水鍋中冰鎮。（放入滾水時間不可過久，會讓番茄口感軟爛，約5～30秒內即可）。（圖c）

6. 將番茄的皮剝掉放進空鍋之中，靜置。（圖d）

7. 準備另一空鍋煮酒；將梅子粉、冰糖、紅酒倒入鍋中，用小火慢慢攪拌，直到冰糖全部溶解即可。（圖e、f）

8. 將冷卻的酒汁倒入剝好的番茄，再加入檸檬汁，置放約一小時，即可放在冰箱的冷凍室了。（圖g、h、i）

白酒桃子

🖊 用具及材料

不鏽鋼鍋一只
大湯匙一把
水果刀一把
冰糖100克
食鹽5克
梅子粉5克
玻璃瓶一瓶

洗網籃一只

🫐 水果

桃子一斤（600克）

▼ 精選葡萄酒

白酒（一般餐酒）750毫升

製作方法

1. 鍋子裝七分水，以大火將水煮至沸騰，將玻璃瓶及蓋子煮過拿出放涼。

2. 將桃子用網籃裝好，再以清水逐一洗乾淨。洗好的桃子再以乾淨布擦乾，放入不鏽鋼鍋中。

3. 用水果刀將甜桃切成片狀（切片不可太厚）。（圖a）

4. 加入5克的梅粉及鹽少許，連續攪拌1分鐘後靜置約10分鐘。（圖b、c）

5. 將桃子的鹽分用冷開水沖洗乾淨後，把水倒掉。

6. 另將白酒750毫升及冰糖100克倒入不鏽鋼鍋中，連續攪拌直到冰糖融化，待酒汁煮滾後靜置冷卻。（圖d、e、f）

7. 將桃子切片平均裝入瓶內。（圖g）

8. 酒汁完全冷卻後即可將白酒汁倒入瓶中，酒汁一定要淹過桃子。（圖h）

9. 蓋上蓋子，放入冷藏室12小時後，即可食用，或者放入冷凍室結冰（冷藏浸泡過久口感會比較軟爛）。（圖i）

紅酒李子

用具及材料

不鏽鋼鍋一只
大湯匙一把
水果刀一把
冰糖200克
食鹽5克
梅子粉5克
玻璃瓶一瓶

洗網籃一只

🍇 水果

紅肉李子一斤（600克）

🍷 精選葡萄酒

紅酒（一般餐酒）一瓶750毫升

製作方法

1. 鍋子裝七分水，以大火將水煮至沸騰，將玻璃瓶及蓋子煮過拿出放涼。

2. 將紅肉李子用網籃裝好，以清水逐一洗乾淨。洗好的紅肉李子再以乾淨布擦乾，放入不鏽鋼鍋中。（圖a）

3. 加入5克的鹽，用大湯匙不停地攪拌1分鐘，然後靜置10分鐘。

4. 用冷開水倒入不鏽鋼鍋中，將紅肉李子的鹽分沖洗乾淨，將水瀝乾。

5. 以水果刀，逐一在紅肉李子的尾巴劃下十字的切口（可劃深一點，讓酒汁入味）。（圖b）

6. 完成後將少許的鹽、梅子粉5克、冰糖100克倒入不鏽鋼鍋中，連續攪拌1分鐘後靜置30分鐘後將李子（含醃製的湯汁）平均地裝入瓶內。（圖c、d、e、f）

7. 另用一只不鏽鋼鍋，倒入整瓶紅酒，用大火將酒汁煮滾後立即關火靜置冷卻。（圖g）

8. 酒汁完全冷卻後就可以倒入瓶中，酒汁一定要蓋過李子。（圖h）

9. 蓋上蓋子，放入冷藏室24小時後食用，或者放入冷凍室結冰（建議可放置7天以上再冷凍，味道會越陳越香）。（圖i）

4

 當酒嫁給了水果②
──夏之頌

白酒鳳梨

用具及材料

不鏽鋼鍋一只
洗網籃一只
菜刀一把
切菜板一片
廚房專用清潔手套一副
冰糖100公克

水果

鳳梨一顆（果肉600克）

精選葡萄酒

白酒（一般餐酒）一瓶750毫升

🍎 製作方法

1. 鍋子裝七分水，以大火將水煮至沸騰，將玻璃瓶及蓋子煮過拿出放涼。

2. 把清潔手套戴起來。先將鳳梨用清水沖洗一下。

3. 用高腰的鍋子，煮一鍋水。水滾時，就將整顆鳳梨放入滾水中，火關掉，完成殺菌取出鳳梨。（圖a）

4. 用菜刀把鳳梨頭尾切掉。接著把鳳梨皮切削掉。（圖b、c）

5. 把已完全去皮的鳳梨，先切成圓形片狀，再把圓形片狀切成條狀，然後切成塊狀即可，大小依個人喜好而定。（圖d、e、f）

6. 另外用一只乾淨鍋子，將鳳梨全部倒進鍋子中。

7. 將750毫升的白酒，全倒入鍋中。加入冰糖100公克，開大火。（圖g）

8. 待冰糖完全溶化，鳳梨顏色變得更黃，即可關火。（圖h）

9. 將整鍋白酒鳳梨放置冷卻後，即可裝瓶冷凍。（圖i）

白酒芒果

🍴用具及材料

不鏽鋼鍋一只
刨刀一把
菜刀一把
切菜板一片
廚房專用清潔手套一副
玻璃瓶（500毫升）一～兩瓶

冰糖100公克

🍇水果
芒果兩顆（約600克）

🍷精選葡萄酒
白酒（一般餐酒）一瓶750毫升

🍶 製作方法

1. 鍋子裝七分水，以大火將水煮至沸騰，將玻璃瓶及蓋子煮過拿出放涼。（圖a）

2. 把清潔手套戴起來。

3. 先將芒果用清水沖洗乾淨。用乾淨布將芒果擦乾。（圖b）

4. 用刨刀將芒果皮刨乾淨。

5. 用菜刀把芒果切成兩半（若因種子過硬，可避開種子部分將果肉切出）。（圖c）

6. 將果肉切成塊狀，平均放入玻璃瓶中（果肉大小約1.5立方公分左右，也可依個人喜好調整）。（圖d）

7. 將750毫升的白酒，全倒入另一空鍋中。加入冰糖100公克，開大火。待冰糖完全溶化，即可關火冷卻。（圖e、f、g）

8. 將冷卻後的白酒，倒入裝著芒果塊的玻璃瓶中，即可放入冷藏室。（圖h、i）

9. 靜置24小時後，即可移入冷凍室冰凍。

白酒情人果

🖋 用具及材料

鹽10公克
冰糖300公克
不鏽鋼鍋一只
大湯匙一支
檸檬汁5毫升
刨刀一把
玻璃瓶（500毫升）一瓶

🍇 水果

青芒果一斤（600克）

🍷 精選葡萄酒

白酒（一般餐酒）一瓶750毫升

製作方法

1. 鍋子裝七分水，以大火將水煮至沸騰，將玻璃瓶及蓋子煮過拿出放涼。

2. 青芒果削皮去子後，切成薄片狀。（圖a、b、c）

3. 放入鍋子中，先灑鹽，然後戴手套用力按摩約15分鐘，將青芒果的苦澀汁釋放出來，醃製出的芒果才會好吃。（圖d）

4. 經過15分鐘後將整鍋青芒果放在冰箱冷藏室。

5. 8小時後取出倒掉鍋中的苦澀水，並用開水沖洗過一遍，此時的青芒果將呈現自然鮮豔的翠綠色。

6. 灑入50公克冰糖、醃30分鐘後，將湯汁倒掉，反覆二次。（圖e、f）

7. 將300公克冰糖、白酒750毫升，加熱至冰糖完全溶解後關火。（圖g、h）

8. 白酒汁冷卻後，加入50毫升檸檬汁，然後與青芒果充分攪拌。

9. 將青芒果分裝至玻璃瓶內，將酒汁淹過果肉，封蓋放入冷藏室12小時。就可以移至冰箱冷凍室了。（圖i）

5

當酒嫁給了水果 ③

──秋之楓

白酒洋香瓜

用具及材料
冰糖50克
不鏽鋼鍋一只
大湯匙一支
玻璃瓶（500毫升）一瓶

水果
洋香瓜（600克）

精選葡萄酒
白酒（一般餐酒）一瓶750毫升

● **製作方法**

1. 鍋子裝七分水，以大火將水煮至沸騰，將玻璃瓶及蓋子煮過拿出放涼。（圖a、b）

2. 洋香瓜切開去子後，將果肉挖成球狀放入玻璃瓶中。（圖c、d）

3. 將500毫升的白酒倒入不鏽鋼鍋中。（圖e）

4. 加入冰糖50公克，開大火攪拌。（圖f、g）

5. 待冰糖完全溶解，即可關火冷卻。（圖h）

6. 將冷卻後的酒，倒入玻璃瓶中淹過果肉。（圖i）

7. 蓋上蓋子，即可放入冷藏室。

8. 靜置12小時後，即可移入冷凍室冰存。

白酒梨子

✏ 用具及材料

不鏽鋼鍋一只
刨刀一把
菜刀一把
切菜板一片
廚房專用清潔手套一副
冰糖100公克
玻璃瓶（500毫升）一瓶

● 水果

梨子兩顆（約600克）

▼ 精選葡萄酒

白酒（一般餐酒）一瓶750毫升

製作方法

1. 鍋子裝七分水，以大火將水煮至沸騰，將玻璃瓶及蓋子煮過拿出放涼。

2. 用清水沖洗一下梨子，再用乾淨布將梨子擦乾。

3. 將梨子皮刨乾淨。（圖a）

4. 把梨子切塊去子，大小依個人喜好而定。（圖b）

5. 將梨子果肉平均放入玻璃瓶中。（圖c）

6. 將750毫升的白酒，全倒入鍋中。加入冰糖100公克，開大火攪拌。待冰糖完全溶解，即可關火冷卻。（圖d、e、f、g）

7. 將冷卻後的白酒，倒入玻璃瓶中淹過果肉。（圖h）

8. 蓋上蓋子，即可放入冷藏室。（圖i）

9. 靜置12小時後，即可移入冷凍室冰存。

粉紅酒蘋果

用具及材料

不鏽鋼鍋一只
刨刀一把
菜刀一把
切菜板一片
廚房專用清潔手套一副
冰糖100公克
玻璃瓶（500毫升）一～兩瓶

水果

蘋果兩顆（約600克）

精選葡萄酒

白酒（一般餐酒）一瓶750毫升
紅酒（一般餐酒）100毫升

● 製作方法

1. 鍋子裝七分水，以大火將水煮至沸騰，將玻璃瓶及蓋子煮過拿出放涼。

2. 用清水沖洗一下蘋果。再用乾淨布將蘋果擦乾。

3. 將蘋果皮刨乾淨。（圖a）

4. 把蘋果切成兩半去子切成片狀，大小依個人喜好而定。（圖b）

5. 將蘋果片、750毫升的白酒及紅酒100毫升，全倒入鍋中。（圖c）

6. 加入冰糖100公克，開大火。待冰糖完全溶解，即可關火冷卻。（圖d）

7. 將冷卻後的酒及蘋果片裝入玻璃瓶中。蓋上蓋子，即可放入冷藏室。（圖e）

8. 靜置12小時後，即可移入冷凍室冰存。

6

當酒嫁給了水果④
──冬之戀

白酒青木瓜

用具及材料

大湯匙一支

鍋子一只

刨刀一把

鹽30克

細冰糖100克

紹興梅6顆

百香果果泥350克

玻璃瓶（500毫升）一～兩瓶

● 水果

青木瓜500克

♥ 精選葡萄酒

白酒（一般餐酒）一瓶750毫升

🐳 製作方法

1. 鍋子裝七分水，以大火將水煮至沸騰，將玻璃瓶及蓋子煮過拿出放涼。

2. 將青木瓜清洗後擦乾削皮，然後切成對半，全部去子。（圖a、b）

3. 再將青木瓜切成1/2對半，變成四等分。

4. 用刨刀將青木瓜，削成厚薄度適中的片狀。再將削好的青木瓜，放入鍋中。（圖c）

5. 將30克鹽加入青木瓜中拌勻，置放15分鐘。（圖d、e）

6. 用冷開水將青木瓜的鹽分沖掉，然後瀝乾備用。

7. 再將350克百香果果泥、細冰糖100克、6顆紹興梅，全部加入青木瓜之中，用大湯匙攪拌均勻。（圖f、g、h、i）

8. 白酒一瓶750毫升加熱讓酒精揮發，冷卻後加入青木瓜中，並用大湯匙攪拌均勻，讓醬汁蓋過青木瓜片。

9. 冷藏保存12小時就會入味，再放入冷凍櫃冰存。

紅酒草莓

✏ 用具及材料

不鏽鋼鍋一只
洗網籃一只
飯匙一只
細冰糖100克
梅子粉5克
玻璃瓶（500毫升）一～兩瓶

● 水果

草莓一斤（600克）

🍷 精選葡萄酒

紅酒（一般餐酒）一瓶750毫升

製作方法

1. 鍋子裝七分水，以大火將水煮至沸騰，將玻璃瓶及蓋子煮過拿出放涼。

2. 將草莓用冷開水泡一分鐘，輕輕地攪動並去除蒂頭。（圖a）

3. 一分鐘後再以冷開水沖洗一遍。（圖b）

4. 用吹風機快速地將草莓的水分吹乾。

5. 把吹乾的草莓，放入不鏽鋼鍋中，加入5克梅子粉（可加可不加，加了可讓草莓的酸味較溫和，增加甘甜味），用飯匙輕輕地攪拌一下。（圖c）

6. 將紅酒及細冰糖100克，全部加入不鏽鋼鍋中，置放在瓦斯爐上，以大火煮至沸騰立即關火。（圖d、e、f）

7. 這時先將醃漬草莓，平均放入玻璃瓶中。（圖g）

8. 將已冷卻完畢的紅酒汁，倒入瓶中淹過草莓即可。（圖h）

9. 蓋上蓋子後，直接置放於冷凍室冰存。（圖i）

粉紅酒茂谷柑

用具及材料
不鏽鋼鍋一只
細冰糖100克
玻璃瓶（500毫升）一～兩瓶

水果
茂谷柑一斤（600克）

精選葡萄酒
白酒（一般餐酒）一瓶750毫升
紅酒（一般餐酒）100毫升

製作方法

1. 鍋子裝七分水，以大火將水煮至沸騰，將玻璃瓶及蓋子煮過拿出放涼。

2. 輕輕地剝除茂谷柑的皮。（圖a）

3. 再把去皮的茂谷柑，剝成一瓣瓣的，盡量保留附著在果肉上的白色纖維。（圖b）

4. 在每一瓣茂谷柑的底部劃一刀，有利於酒汁入味。將果肉裝入玻璃瓶中。（圖c）

5. 將750毫升的白酒及紅酒100毫升，全倒入不鏽鋼鍋中。（圖d、e）

6. 加入細冰糖100克，開大火。攪拌至細冰糖完全溶解，即可關火冷卻。（圖f、g）

7. 將冷卻後的酒，倒入玻璃瓶中淹過茂谷柑果肉。（圖h）

8. 蓋上蓋子，即可放入冷藏室。（圖i）

9. 靜置12小時後，即可移入冷凍室冰存。

紅酒西洋梨

用具及材料

不鏽鋼鍋一只
刨刀一把
廚房專用清潔手套一副
細冰糖100克
玻璃瓶（500毫升）一～兩瓶

水果

西洋梨三顆（約600克）

精選葡萄酒

紅酒（一般餐酒）一瓶750毫升

● **製作方法**

1. 鍋子裝七分水，以大火將水煮至沸騰，將玻璃瓶及蓋子煮過拿出放涼。（圖a、b、c）

2. 把清潔手套戴起來。先用清水把西洋梨沖洗一下。

3. 接下來，用乾淨布將西洋梨擦乾。再將西洋梨皮刨乾淨。（圖d）

4. 將750毫升的紅酒，全倒入鍋中。（圖e）

5. 加入細冰糖150克，開大火。（圖f）

6. 待細冰糖完全溶解，即可將西洋梨放入小火煮5分鐘。（圖g、h）

7. 將冷卻後的西洋梨（含紅酒），倒入玻璃瓶中。（圖i）

8. 蓋上蓋子，即可放入冷藏室。

9. 靜置24小時後，即可移入冷凍室冰存。

7

酒釀水果
也能變身料理！
——開胃下飯這樣做

RÉSERVE
MONDIÉ
OAK AGED
2009

紅酒番茄燒肉

材料（1～2人份）：紅酒番茄、火鍋用薄肉片（豬、牛、羊都可）、萵苣葉、奶油、芝麻、竹籤

製作方法

1. 將平底鍋預熱，放一匙奶油。（圖a、b）

2. 將肉片一片片，攤平在鍋子裡。

3. 正反兩面，各煎至熟即可。（圖c）

4. 一片萵苣葉一片肉片，撒上芝麻包捲起來，再加上一半的紅酒番茄一起用竹籤穿過中間固定。（圖d、e、f）

5. 擺盤之後，沾紅酒番茄的湯汁一起享用，清爽美味。

白酒鳳梨蝦仁炒飯

材料（1～2人份）：冷飯3碗、蝦仁1/2杯、白酒鳳梨200克、蛋2顆、蒜末1大匙、毛豆仁2大匙、肉鬆1/2杯、鹽1/4大匙、細冰糖1/2大匙、香油1/2大匙、白胡椒粉2小匙

製作方法

1. 將蝦仁用牙籤挑去腸泥後洗淨，並用紙巾擦乾水分。大蒜洗淨切末備用。

2. 毛豆仁洗淨後，水中加少許鹽汆燙1～2分鐘，撈起沖涼備用。

3. 熱油鍋爆香大蒜末及洋蔥，加入蝦仁炒至八分熟，起鍋備用。

4. 將冷飯與蛋炒開，再加入鳳梨丁、八分熟蝦仁、毛豆仁、洋蔥、蒜末快速翻炒至飯粒散開。加入調味料（鹽、細冰糖、白胡椒粉、香油）翻炒均勻。起鍋裝盤後加上肉鬆即成。（圖a、b、c、d、e、f）

紅酒番茄肉醬義大利麵

材料（4人份）

紅酒番茄200克
牛絞肉300克
培根150克
黃蘿蔔50克
芹菜50克
洋蔥30克

不甜白酒半杯
牛奶1杯
高湯少許
帕馬森乳酪少許
番茄醬汁（tomato sauce）5湯匙或番茄濃縮液
（tomato concentrate）20克
8公釐寬的寬扁麵（tagliatelle）

a b c
d e f
g h i

製作方法

1. 將義大利麵加點海鹽煮至7分熟，然後放入冷水冷卻撈起備用。留意麵條不可煮得太爛，之後經過烹炒便可保持Q彈度（建議使用8公釐寬扁麵條）。（圖a）

2. 將培根以奶油煎至8分熟後備用。（圖b）

3. 將切碎的洋蔥、芹菜、黃蘿蔔、牛絞肉共炒後，加入些許白酒及高湯。（圖c、d、e、f）

4. 煮熟後加入義大利麵條、培根、紅酒番茄（連同汁液），並加入些許番茄醬汁（若鹹度不足可再加入些許海鹽），期間分次加入牛奶細火慢炒2分鐘後（勿將牛奶完全煮乾，保存些許湯汁口感最佳），最後可再撒上磨碎的帕馬森乳酪風味更佳。（圖g、h、i）

白酒鳳梨苦瓜雞湯

材料（1～2人份）：土雞腿250克、苦瓜250克、白酒鳳梨100克、白酒鳳梨湯汁100毫升、醬筍20克、丁香魚15克、薑片5克、水1600毫升、鹽少許、米酒50毫升

製作方法

1. 雞腿肉洗淨、放入沸水汆燙去血水後，撈起以冷水沖洗，備用。

2. 苦瓜切開、去籽後切塊狀；白酒鳳梨備用。

3. 取一湯鍋，放入水1600毫升，以大火煮沸後，加入作法1.的雞腿肉，轉小火煮約20分鐘。

4. 將其餘材料放入作法3.的湯鍋中，以小火煮約30分鐘，起鍋前加入所有調味料拌勻即可。

白酒芒果甜糯米飯

材料（1～2人份）：短粒白糯米300克、水475毫升、細冰糖150克、白酒芒果20克、（可選用）奶油椰汁1罐（280克）

a

b

製作方法

1. 將糯米飯和水放入一個平底鍋裡，置火上煮開，然後加蓋，調至小火。煮15至20分鐘，直到水完全被吸收了。

2. 將細冰糖、奶油椰汁、白酒芒果加入糯米飯裡，混合後再稍煮一下，即可擺盤上桌。（圖a、b、c、d）

c

d

白酒荔枝紅棗排骨

材料（1～2人份）：排骨600克、白酒荔枝100克、花生50克、紅棗5粒、薑兩片、鹽半匙

● 製作方法

1. 將排骨洗淨，放沸水中煮2分鐘撈出備用。

2. 鍋重新放水煮沸，放排骨、薑，開大火煮10分鐘，轉文火燉1小時。

3. 花生去皮，洗淨。紅棗洗淨。

4. 將花生、白酒荔枝連汁液、紅棗加入鍋中煮沸，轉文火燉30分鐘。

5. 加少許鹽調味即可。

粉紅酒蘋果麥片粥

材料（1～2人份）：粉紅酒蘋果連湯汁200克、
純麥片2大勺、優酪乳1杯

● 製作方法

1. 粉紅酒蘋果塊及汁液和麥片一起加少許水
煮10分鐘。（圖a、b、c、d）

2. 最後淋上優酪乳攪拌均勻就完成了！

涼拌白酒青木瓜

材料（1～2人份）：白酒青木瓜300克、紅酒番茄20克、紅辣椒1根、菜豆（四季豆）5克、花生20克、蝦米10克、檸檬1/2個、魚露2茶匙、細冰糖1茶匙

製作方法

1. 取出白酒青木瓜300克解凍備用。

2. 將20克紅酒番茄切丁備用。

3. 蝦米切碎、菜豆切成丁，辣椒、花生切碎，檸檬榨汁備用。

4. 將白酒青木瓜絲及紅酒番茄，與全部材料拌勻，加入魚露和細冰糖，拌勻。放入冰箱冷藏後，即可食用。

白酒情人果燒茄子

材料（1～2人份）：白酒情人果連汁液200克、紫皮長茄子2條、精豬肉餡100克、薑片10克、李錦記干貝蠔油一湯匙、純釀造醬油1/2茶匙、太白粉2湯匙（30克）、油1湯匙（15毫升）

製作方法

1. 將長茄子去蒂，都切成截面1.5公分見方，5公分長的粗條。

2. 將白酒情人果連汁液解凍取出備用。

3. 在茄條表面沾上一層薄薄太白粉，大火加熱炒鍋中的油，迅速將茄條入鍋煎炒2分鐘，變軟後撈出瀝油。

4. 中火加熱炒鍋中剩餘的油，將薑片和精豬肉餡煵出香味，收乾水分，把煎好的茄條二次入鍋，調入純釀造醬油和李錦記干貝蠔油一湯匙，放入白酒情人果連汁液一同翻炒收汁均勻即可。

紅酒草莓牛柳

材料（1～2人份）：紅酒草莓5顆、王子麵一包、牛里肌肉片500克、豌豆莢50克、青花椰菜50克、香蔥30克、白酒梅子去籽2顆、紅酒番茄5顆、番茄醬一大匙、冰糖一匙、鹽半匙、料酒少許

製作方法

1. 將牛里脊肉片，用鹽、料酒、醬油、少許太白粉抓勻，加入少許油，醃漬10分鐘。

2. 豌豆莢切斜角，青花椰菜掰成小朵，草莓對半切開，香蔥切末。

3. 鍋中燒開水將青花椰菜、豌豆莢，分別汆燙撈出過涼備用。

4. 鍋裡熱油，約五、六成熱時將醃好的牛柳入鍋滑散撈出。

5. 把紅酒番茄與番茄醬，用紅酒草莓的湯汁以中火煮熱拌勻備用。

6. 鍋內留底油炒香蒜末、蔥花，放入紅酒番茄醬、冰糖、鹽，少許水燒開後，切好的白酒梅子碎撒在鍋中，用太白粉勾芡，將牛柳、青花椰菜、豌豆莢投入迅速翻炒。

7. 王子麵煮好裝盤，放上切半的草莓，再將炒好的6.放入盤中即完成。

粉紅酒茂谷柑酸辣海鱺魚片

材料（1～2人份）：粉紅酒茂谷柑加糯米醋打成汁50克、海鱺魚片80克 、辣椒5克、蒜末5克、香茱末5克、薑末5克、魚露5克、細冰糖5克

製作方法

1. 海鱺魚切片後，放入滾水中燙熟後取出，泡於冰水中約2～3分鐘撈起、擺盤備用。

2. 取一大碗，將除海鱺魚外的其餘所有材料和所有調味料放入、拌勻，再淋於作法1.的海鱺魚片上，即可享用。

8

酒釀水果升級為甜品
——一種美味，多層次享受

紅酒番茄冰沙

用具及材料

結冰過後的紅酒番茄100克

結冰過後的紅酒番茄湯汁20克

冰塊160克

冷開水20 毫升（汽泡水或果汁亦可）

細冰糖30克

純的梅子粉少許（可用鹽取代）

● 製作方法

1. 將結冰過後的紅酒番茄100克放入具有碎冰功能的果汁機中，加入冷開水20毫升（汽水或果汁亦可），先用間斷式略為攪打結冰狀態的紅酒番茄至碎成小塊。（圖a、b）

2. 再將冰塊及結冰過後的紅酒番茄湯汁，放入果汁機中一起攪打至呈碎冰狀。

3. 加入細冰糖30克及純的梅子粉少許，用連續式攪打成霜泥狀即可盛起裝杯。（圖c、d、e）

4. 細冰糖可視個人喜好甜度酌量增減。

白酒桃子香草冰淇淋

用具及材料

結冰過後的白酒桃子100克

結冰過後的白酒桃子湯汁20克

冰淇淋一大匙

汽泡水少許（或冷水少許）

● **製作方法**

1. 將白酒桃子果肉100克放入具有碎冰功能的果汁機中，先用間斷式略為攪打白酒桃子果肉至碎成小塊。（圖a）

2. 再將結冰過後的白酒桃子湯汁及少許汽泡水，放入果汁機中一起攪打至呈碎冰狀。（圖b、c）

3. 用連續式攪打成霜泥狀即可盛起裝杯。（圖d）

4. 在杯中直接疊上香草冰淇淋，並放上白酒桃子作裝飾，即大功告成。（圖e、f、g）

紅酒李子優格冰淇淋

用具及材料

紅酒李子50克

紅酒李子湯汁10毫升

冰淇淋100毫升

優格50克

製作方法

1. 先將紅酒李子，用刀剖開取出中間的子。（圖a、b）

2. 再將紅酒李子果肉50克及優格50克放入具有碎冰功能的果汁機中，用間斷式略為攪打紅酒李子果肉至泥狀。（圖c、d、e）

3. 將紅酒李子碎泥舖在冰淇淋下擺盤即可。

4. 也可把紅酒李子湯汁10毫升淋在最上頭。

白酒鳳梨冰豆花

材料：結冰過後的白酒鳳梨100克、結冰過後的白酒鳳梨湯汁20克、冬瓜茶150毫升、傳統手工豆花

a

製作方法

1. 將傳統手工豆花盛入碗內。

2. 淋上150毫升冬瓜茶。（圖a）

b

3. 把結冰過後的白酒鳳梨100克，放在豆花上面。

4. 加上結冰過後的白酒鳳梨湯汁20克就完成。（圖b）

紅酒草莓霜淇淋

材料：紅酒草莓及湯汁、霜淇淋、肉桂粉少許

a

製作方法

1. 將整顆紅酒草莓，直接放在霜淇淋上（數量依個人喜好）。（圖a）

2. 淋上一點紅酒草莓湯汁。（圖b）

b

3. 灑上一些肉桂粉（依口味輕重適量）。

白酒荔枝西米露

用具及材料

結冰過後的白酒荔枝100克

結冰過後的白酒荔枝湯汁20克

冰塊160克

牛奶20毫升

細冰糖30克

椰子西米露350毫升

● 製作方法

1. 將結冰過後的白酒荔枝100克放入具有碎冰功能的果汁機中，加入牛奶20毫升，先用間斷式略為攪打結冰過後的白酒荔枝至碎成小塊。（圖a、b）

2. 再將冰塊及結冰過後的白酒荔枝湯汁，放入果汁機中一起攪打至呈碎冰狀。

3. 加入細冰糖30克，用連續式攪打成霜泥狀。

4. 細冰糖可視個人喜好甜度酌量增減。

5. 最後加入牛奶及西米露，攪打均勻即可盛起裝杯。（圖c、d）

白酒芒果冰

用具及材料

結冰過後的白酒芒果100克

結冰過後的白酒芒果湯汁20克

冰塊160克

牛奶20毫升

煉乳適量（依個人喜好）

白酒芒果塊100克

芒果口味冰淇淋一球

🥄 製作方法

1. 將結冰過後的白酒芒果100克放入具有碎冰功能的果汁機中，牛奶加入20毫升，先用間斷式略為攪打結冰過後的白酒芒果至碎成小塊。（圖a、b）

2. 再將冰塊及結冰過後的白酒芒果湯汁及煉乳，放入果汁機中一起攪打至呈碎冰狀。（圖c、d、e）

3. 將白酒芒果冰沙盛入碗內，再加一球芒果口味冰淇淋，並以新鮮芒果塊覆蓋在其上。

白酒情人果優酪乳

用具及材料

結冰過後的白酒情人果100克

結冰過後的白酒情人果湯汁20克

冰塊160克

細冰糖20克

牛奶20毫升

原味優酪乳一杯（100毫升）

製作方法

1. 將結冰過後的白酒情人果100克放入具有碎冰功能的果汁機中，加入牛奶20毫升，先用間斷式略為攪打結冰過後的白酒情人果至碎成小塊。（圖a、b）

2. 再將細冰糖、冰塊及結冰過後的白酒情人果湯汁，放入果汁機中一起攪打至呈碎冰狀。（圖c）

3. 加入原味優酪乳一杯（100毫升），用連續式攪打成霜泥狀即可盛起裝杯。（圖d、e）

白酒梨子果凍

用具及材料

白酒梨子泥100克
洋菜粉適量
薄荷葉一片
細冰糖20克

製作方法

1. 將白酒梨子及湯汁加上細冰糖用果汁機攪打成泥，細冰糖可視個人喜好甜度酌量增減。（圖a、b、c、d）

2. 將適量洋菜粉加適量水，煮至完全溶解。（圖e、f、g）

3. 加入100克白酒梨子泥，不斷攪拌，煮至半透明狀後，熄火。（圖h）

4. 稍涼後倒入模型中放入一片薄荷葉，放冰箱冷藏至凝結，即可食用。（圖i）

粉紅酒蘋果鬆餅

用具及材料

粉紅酒蘋果100克
白酒20毫升
蜂蜜或楓糖少許
鬆餅一片
肉桂粉少許

● 製作方法

1. 將粉紅酒蘋果100克加酒汁2毫升，用果汁機攪打至泥狀。（圖a、b、c）

2. 將泥狀的粉紅酒蘋果泥稍微加熱（不需煮滾）。（圖d）

3. 接著將鬆餅淋上蜂蜜或楓糖，撒上肉桂粉，視個人喜好增減。（圖e、f）

4. 把粉紅酒蘋果泥放在鬆餅上。（圖g）

白酒青木瓜沙瓦

用具及材料

結冰過後的白酒青木瓜100克

結冰過後的白酒青木瓜湯汁20克

冰塊50克

白蘭地20毫升

細冰糖30克

檸檬汁少許

● 製作方法

1. 將結冰過後的白酒青木瓜100克放入具有碎冰功能的果汁機中，加入白蘭地20毫升，先用間斷式略為攪打結冰過後的白酒青木瓜至碎成小塊。（圖a、b）

2. 再將結冰過後的白酒青木瓜湯汁及冰塊，放入果汁機中一起攪打至呈碎冰狀。（圖c、d）

3. 加入細冰糖30克，用連續式攪打成霜泥狀即可盛起裝杯。（圖e）

4. 細冰糖可視個人喜好甜度酌量增減。

5. 最後加入檸檬汁，依個人口味增減。

粉紅酒茂谷柑水果盅

用具及材料

結冰過後的粉紅酒茂谷柑100克
結冰過後的粉紅酒茂谷柑湯汁20克
冰塊160克
冷開水20毫升（汽水或果汁、牛奶、琴酒亦可）

細冰糖30克
純的梅子粉少許（可用鹽取代）
哈密瓜1顆

● 製作方法

1. 將結冰過後的粉紅酒茂谷柑100克放入具有碎冰功能的果汁機中，加入冷開水20毫升（汽水或果汁、牛奶、琴酒亦可），先用間斷式略為攪打結冰過後的粉紅酒茂谷柑成碎冰狀。（圖a、b、c）

2. 再將冰塊及結冰過後的粉紅酒茂谷柑湯汁，放入果汁機中一起攪打至呈碎冰狀。（圖d）

3. 加入細冰糖30克、少許梅子粉及牛奶，用連續式攪打成霜泥狀。（圖e）

4. 細冰糖可視個人甜度酌量增減。

5. 將哈密瓜剖成兩個半圓形，將其果肉挖成圓球狀取出。（圖f）

6. 將部分粉紅酒茂谷柑碎冰舀入哈密瓜容器內，再放入圓球狀哈密瓜果肉，然後鋪上一層剩下的粉紅酒茂谷柑碎冰。（圖g、h、i）

7. 最後灑上一些梅子粉就可以享用了。

The Eurasian Publishing Group 圓神出版事業機構
用心與你對話‧視野無限寬廣

如何出版社
Solutions Publishing

http://www.booklife.com.tw

inquiries@mail.eurasian.com.tw

Happy Family 042

當酒嫁給了水果──
酒釀水果DIY‧超美味中西料理入菜

作　　者／陳明業

發 行 人／簡志忠

出 版 者／如何出版社有限公司

地　　址／台北市南京東路四段50號6樓之1

電　　話／(02) 2579-6600‧2579-8800‧2570-3939

傳　　真／(02) 2579-0338‧2577-3220‧2570-3636

郵撥帳號／19423086　如何出版社有限公司

總 編 輯／陳秋月

主　　編／林欣儀

專案企劃／吳靜怡

責任編輯／蔡曼莉

美術編輯／李寧

行銷企畫／吳幸芳‧簡琳

印務統籌／林永潔

監　　印／高榮祥

校　　對／陳明業‧張雅慧‧蔡曼莉

排　　版／杜易蓉

經 銷 商／叩應股份有限公司

法律顧問／圓神出版事業機構法律顧問　蕭雄淋律師

印　　刷／龍岡數位科技股份有限公司

2013年7月　初版

學習，是跟這個世界溝通和找尋夢想的工具，

是你能給自己人生最大的禮物。

不想粗魯的對待自己的人生，就趁早努力用功吧！

——《學習是對人生應盡的禮儀》

想擁有圓神、方智、先覺、究竟、如何、寂寞的閱讀魔力：

◨ 請至鄰近各大書店洽詢選購。

◨ 圓神書活網，24小時訂購服務

　免費加入會員‧享有優惠折扣：www.booklife.com.tw

◨ 郵政劃撥訂購：

　服務專線：02-25798800　讀者服務部

　郵撥帳號及戶名：19423086　如何出版社有限公司

國家圖書館出版品預行編目資料

當酒嫁給了水果——酒釀水果DIY‧超美味中西料理
入菜／陳明業 著. -- 初版. -- 臺北市：如何，2013.07
112面；17×23公分. -- （Happy Family；42）

ISBN 978-986-136-329-5（平裝）

1. 水果　2. 釀造　3. 食譜

427.32　　　　　　　　　　　　　　101011608